Paris. — Imprimerie Vinchon, rue J.-J. Rousseau, 8.

NOUVEAU PERFECTIONNEMENT
vraiment extraordinaire.

DAGUERRÉOTYPE

POUR APPRENDRE SEUL A FAIRE DES PORTRAITS,

SANS CONNAÎTRE NI PEINTURE NI DESSIN,

SYSTÈMES
français, allemand, américain, réunis en un seul.

MÉTHODE DE M. LEGROS,

Professeur,

Inventeur des admirables Fonds d'Or, en 1849,

QUI TRAVAILLE DEPUIS 8 ANS POUR PERFECTIONNER CET ART;

DONNANT

Le moyen d'opérer dans la chambre, même dans les temps de pluie; avec la Manière de mettre en couleur, de faire des Portraits dits MINIATURES; la Manière de composer soi-même le Bromure de chaux et conserver toujours le même flacon; faire l'eau distillée; suivie d'une foule de Secrets dont chaque vaut plus que le prix de vente du volume:

Le secret pour faire les admirables Fonds d'or;

Enseignant la Photographie sur papier, ou la Manière de faire des Portraits, Vues, Paysages, Monuments sur papier; donnant le Moyen de reproduire des Gravures, Lithographies ou Dessins sans Daguerréotype et sans dépense, à l'aide d'un produit chimique (la lumière n'est pas nécessaire, on fait cela la nuit comme le jour); Secret pour augmenter les Métaux;

SUIVIE DU

Magnétisme ou Somnambulisme dévoilé à tout le Monde,

ET SES DANGERS.

PRIX : 10 FRANCS.

(Aux Personnes qui auraient acheté notre Méthode, nous donnerons gratis tous les renseignements relatifs au Daguerréotype, dont ils pourraient avoir besoin, en en faisant la demande par lettres affranchies.)

PARIS, CHEZ M. LEGROS, RUE SAINT-HONORÉ, 199.

(Atelier de portraits et Leçons tous les jours.)

NOUVEAU PERFECTIONNEMENT
vraiment extraordinaire.

DAGUERRÉOTYPE

POUR APPRENDRE SEUL A FAIRE DES PORTRAITS,

SANS CONNAÎTRE NI PEINTURE NI DESSIN,

SYSTÈMES
français, allemand, américain, réunis en un seul.

MÉTHODE DE M. LEGROS,
Professeur,
Inventeur des admirables Fonds d'Or, en 1849,
QUI TRAVAILLE DEPUIS 8 ANS POUR PERFECTIONNER CET ART;

DONNANT

Le moyen d'opérer dans la chambre, même dans les temps de pluie; avec la Manière de mettre en couleur, de faire des Portraits dits MINIATURES; la Manière de composer soi-même le Bromure de chaux et conserver toujours le même flacon; faire l'eau distillée; suivie d'une foule de Secrets dont chaque vaut plus que le prix de vente du volume:

Le secret pour faire les admirables Fonds d'or;

Enseignant la Photographie sur papier, ou la Manière de faire des Portraits, Vues, Paysages, Monuments sur papier; donnant le Moyen de reproduire des Gravures, Lithographies ou Dessins sans Daguerréotype et sans dépense, à l'aide d'un produit chimique (la lumière n'est pas nécessaire, on fait cela la nuit comme le jour); Secret pour augmenter les Métaux;

SUIVIE DU

Magnétisme ou Somnambulisme dévoilé à tout le Monde,
ET SES DANGERS.

PRIX : 10 FRANCS.

(Aux Personnes qui auraient acheté notre Méthode, nous donnerons gratis tous les renseignements relatifs au Daguerréotype, dont ils pourraient avoir besoin, en en faisant la demande par lettres affranchies.)

PARIS, CHEZ M. LEGROS, RUE SAINT-HONORÉ, 199.
(Atelier de portraits et Leçons tous les jours.)
Des Dépôts seront établis chez les Libraires et autres Personnes qui en feront la demande.
NOVEMBRE 1849.

Imprimerie VINCHON, rue J. J. Rousseau, 8.

DAGUERRÉOTYPE.

NOUVEAU PERFECTIONNEMENT

vraiment extraordinaire.

DAGUERRÉOTYPE.

MÉTHODE DE M. LEGROS,

PROFESSEUR,

Avec la Manière de Mettre en Couleur,
de faire des Portraits dits Miniatures.

INTRODUCTION.

De toutes les découvertes qui, dans les arts et les sciences, attestent la marche progressive de l'esprit humain, l'une des plus belles et des plus importantes est, sans contredit, l'invention de Daguerre. Qui sait, s'il fût venu il y a deux siècles, s'il n'aurait pas été brûlé comme sorcier, car qui se fût douté alors qu'à l'aide de la lumière on obtiendrait des portraits. des vues, paysages, monuments, enfin toutes espèces de reproductions aussi belles qu'avec la peinture, mais d'une ressemblance infiniment supérieure, et cela, sans qu'il soit nécessaire de connaître ni la peinture, ni le dessin; cela eût paru de la démence, et cependant, il y a à peine dix ans qu'on ne se doutait pas que cela fût possible, et aujourd'hui cette admirable invention fait vivre des milliers d'hommes qui tous y trouvent un travail honorable et lucratif, et les personnes de la haute société le moyen de passer agréablement leurs instants de loisir, sans que l'ennui vienne jamais les trouver.

M. Legros, dans sa méthode, a réuni tout ce qu'il y a de mieux dans les procédés français, allemands, américains; de là, un perfectionnement vraiment extraordinaire. Cependant, il sera toujours nécessaire d'avoir de bons daguerréotypes, des produits chimiques de première qualité, des plaques au 30e ou au 40e d'argent bien choisies, une bonne lumière, car si l'on opère dans quelques secondes, on comprendra facilement que la nuit ou dans un endroit privé de lumière, on resterait des heures entières à l'exposition sans rien obtenir. Avec le perfectionnement de M. Legros, on peut opérer dans la chambre, même par les temps de pluie, toutefois moyennant qu'elle soit bien éclairée. A tous nous dirons que la pratique est nécessaire pour bien opérer.

Les objectifs doivent être achromatiques, à verres doubles de qualité supérieure, les simples donnent de grandes difficultés.

PREMIÈRE OPÉRATION.

Polissage des Plaques.

On prend de l'esprit de vin de 36 à 40 degrés, il est toujours mieux de l'avoir à 40 autant que possible; dans six onces, on met quatre à cinq gouttes d'essence de lavande ou de thérében-tine très pure, on agite bien le flacon, on le bouche avec un bouchon de liège, on le perce au milieu afin que l'esprit de vin puisse être versé goutte à goutte; mettre sur la plaque un peu de tripoli superfin, verser dessus quatre à cinq gouttes de l'esprit de vin préparé; avec un tampon de coton, on frotte en rond pendant quelques minutes, appuyant trois ou quatre fois la pesanteur du bras, laisser sécher; après, prendre un coton propre, frotter encore quelques minutes et souffler avec l'haleine; si la plaque est propre, prendre le polissoir recouvert de peau de daim, faire bien attention que la main ni aucun corps gras ne le touche jamais, car il serait gâté; frotter bien droit avec le polissoir en travers de la plaque, elle devient d'un bruni magnifique au bout de peu de temps; appuyer cinq à six fois la pesanteur du bras: on frotterait plus longtemps qu'il n'est nécessaire que cela ne ferait aucun mal; après cette opération, la plaque est prête à être iodée. Chaque matin ou tous les deux jours, on doit semer sur le polissoir un peu de rouge d'Angleterre superfin, frotter un peu dessus avec du coton propre; il est prêt à travailler. Le deuxième polissoir sert seulement pour donner un dernier coup quand on est pour ioder la plaque, on frotte huit à dix coups en travers de la plaque, afin d'enlever la poussière qui donneraient des taches. Il n'est pas nécessaire d'avoir deux polissoirs ; avec le même on peut donner le dernier coup pour enlever la poussière.

DEUXIÈME OPÉRATION.

—

Ioder la Plaque.

On met la plaque à nu sur la boîte à iode, disposant un papier de manière à ce qu'il soit facile de consulter la couleur ; on la regarde jusqu'à ce qu'elle ait pris une couleur jaune foncée un peu rosée, on la transporte sur la cuvette qui contient la poudre dite bromure de chaux, jusqu'à ce qu'elle ait pris une couleur rosée un peu violette : ordinairement, il faut de 15 à 60 secondes, suivant la température ;

avec un peu de pratique, on sera bientôt au fait de cela; après, on remet de nouveau la plaque sur la boîte à iode, pendant 10 à 25 secondes, toujours suivant la température; la plaque doit être mise de suite dans le châssis; elle est prête à faire le portrait dans la chambre noire. Cette opération doit être faite dans un endroit un peu obscur. Pendant les temps humides, on doit toujours laisser un peu plus longtemps la plaque exposée à la vapeur des produits chimiques ci-dessus.

TROISIÈME OPÉRATION.

—

De l'exposition à la Chambre noire.

On fait asseoir la personne sur une chaise bien d'aplomb, appuyée contre l'appui-tête, on la met bien au point, c'est-à-dire au foyer, faisant jouer la crémaillière de l'objectif à droite et à gauche, comme on ferait pour un lorgnon de théâtre, jusqu'à ce que l'on voie le visage bien clair; on doit voir les moindres petits points, les poils de la barbe avec la plus grande pureté; alors, on recommande à la personne de rester bien immobile, on met le châssis qui contient la plaque préparée : on l'ouvre pendant le beau temps dans un jardin ou sur une terrasse découverte; l'opération doit durer de 5 à 12 secondes, suivant la lumière; dans une chambre ou intérieur quelconque, l'opération doit durer de 15 à 70 secondes, toujours suivant la lumière; pendant le mauvais temps, l'opération doit durer moitié plus, et souvent davantage; cependant les portraits viennent plus beaux et sont plus modelés; un peu de de pratique est nécessaire pour cette opération. Pour les vues, paysages, monuments et autres, l'opération doit durer de 1 à 5 secondes, suivant la couleur de l'objet que l'on veut reproduire. Faire bien attention que tous les objets se trouvent sur la même ligne autant qu'il sera possible ; ceux qui seraient plus rapprochés paraîtraient plus gros.

QUATRIÈME OPÉRATION.

Du Mercure.

On transporte la plaque dans la chambre à mercure ; on doit avoir dessous, bien au milieu, une petite lampe dite veilleuse, la mèche très petite, de manière à ce qu'elle chauffe très doucement ; le thermomètre doit toujours être entre 50 et 65 degrés qui sont marqués ; si on s'apercevait que cela passe 70, on ôterait vite la lampe, autrement le thermomètre casserait et gâterait le portrait et la boîte ; enfin, il est de rigueur de régler la flamme de sa lampe selon la nécessité, de manière à ce que le thermomètre reste toujours entre 50 et 65 degrés, autrement on devrait ôter et remettre la lampe; on retire le portrait au bout de quatre minutes ; si on aime mieux ne pas le retirer, on regarde avec une petite bougie, par la petite fenêtre, si le portrait est fini ; s'il était trop noir, on pourrait le laisser un peu plus; en quatre ou cinq minutes, cette opération doit toujours être finie. Dans la boîte mercurielle, il doit constamment y avoir une livre de mercure, plus ou moins, qu'on y laisse toujours ; s'il était trop sale, on pourrait le nettoyer avec un cornet en papier blanc dans lequel on le ferait passer plusieurs fois.

CINQUIÈME OPÉRATION.

—

Laver et fixer le portrait au sel d'or.

On met l'hyposulfite de soude, qui est déja dissous dans l'eau distillée, dans un petit plat (ou assiette) à la hauteur d'une pièce de cinq francs, plutôt plus que moins ; d'un seul coup on lance dedans la plaque sur laquelle est le portrait ; on agite pendant une ou deux minutes le plat, le portrait se nettoie et devient plus clair ; on le transporte dans une autre assiette dans laquelle il y a de l'eau, on l'agite de nouveau pendant une ou deux minutes, le portrait se nettoie entièrement ; on prend la plaque par un angle, avec une petite pincette, on verse dessus environ un verre d'eau distillée, on la pose sur le pied à chlorurer : la mettre bien droite de façon qu'elle n'incline d'aucun côté; on verse dessus du sel d'or préparé, jusqu'à ce que le portrait et la plaque soient entièrement couverts de liquide; alors, avec une lampe à esprit de vin, on chauffe bien partout en remuant de continue la lampe jusqu'à ce que l'on voie des petites bulles se former sur la plaque; le portrait prend un ton beaucoup plus vigoureux, il faut s'arrêter; avec une petite pincette, on prend la plaque par un des angles, on jette le sel d'or qui est dessus, on la tient inclinée; verser dessus, pour la nettoyer, à peu près un verre d'eau distillée; alors, la tenant toujours inclinée, on la met sur la lampe à esprit de vin pour sécher, on souffle légèrement dessus jusqu'à ce que toute l'eau soit partie; le portrait est fini et prêt à être encadré. Si après avoir avoir soufflé il restait des taches jaunes, on jetterait de suite un autre demi-verre d'eau distillée, le prendre de même par l'angle avec la pince, le mettre incliné sur la lampe et souffler de nouveau.

Manière d'éviter les accidents qui arrivent à la première opération du polissage des plaques.

Si, quand on souffle sur la plaque avec l'haleine, on voyait de larges corps gras bleus ou bleuâtres, c'est que le coton dont on se serait servi était gras, qu'avec les doigts ou la sueur des mains on aurait touché la plaque : il faudrait recommencer de nouveau à la polir comme si rien n'était; de même, si la plaque était rayée, il faudrait la recommencer ; quand on achète des plaques, pour reconnaître leurs bonnes qualités, on souffle dessus avec l'haleine; si on voyait des petites taches ou des points couleur de cuivre, elles manqueraient d'argent, et les portraits viendraient tachés ; il faut frotter la plaque avec le coton toujours plutôt quelques minutes plus que moins, de même avec le polissoir.

Manière d'éviter les accidents qui arrivent à la deuxième opération.

Si, en iodant la plaque, on l'oubliait et qu'elle dépassât de beaucoup la couleur indiquée, il faudrait recommencer de nouveau à polir la plaque ; de même, si elle prenait la couleur beaucoup plus ou moins sur les côtés ou au milieu ; s'il n'y avait qu'une petite différence, cela ne ferait rien, on pourrait opérer la même chose ; il ne faut jamais tourner la plaque en l'air, autrement il s'y met de petites poussières, ce qui fait une grande quantité de taches sur le portrait. La boîte à iode ainsi que celle à bromure de chaux doivent toujours être dans un endroit exempt d'humidité.

Manière d'éviter les accidents qui arrivent à la troisième opération de l'éclairage.

Quand on veut travailler dans la chambre, on doit faire une petite chapelle autour du modèle avec des rideaux très blancs ; les chambres exposées au midi sont les meilleures. Si, en regardant dans l'objectif, on voyait un côté du visage noir, il viendrait un côté du portrait tout noir ; on évite cela en mettant du côté qui vient noir un rideau blanc ou une grande glace ; si le bas du portrait, les jambes, venait trop obscur, on éviterait cela en mettant pour tapis à terre un drap de lit blanc ; si les cheveux venaient trop blancs, au-dessus de la personne on tend une toile bleue, ou simplement tenir un parapluie sur la tête du modèle ; quand la lumière fatigue trop les yeux de la personne qui pose, on met un rideau vert ; faire regarder au milieu, cela ne fatigue plus ; prier les personnes de ne pas mettre des chemises trop gommées, cela les fait venir toutes bleues; ne pas mettre trop de pommade aux cheveux, cela les fait venir blancs dans le portrait; quand le portrait est trop noir, c'est qu'il n'est pas resté assez longtemps à la lumière; s'il était trop blanc, bleu ou verdâtre, c'est qu'on aurait laissé le modèle trop exposé à la lumière. On doit chaque matin bien nettoyer les verres de l'objectif en dedans et en dehors; il n'est pas nécessaire de le démonter pour cela, il suffit d'avoir une peau d'opticien ou un linge propre.

Manière d'éviter les accidents qui arrivent à la quatrième opération du mercure.

Si on ne chauffait pas assez les portraits, ils seraient peu vigoureux et auraient des teintes pauvres; faire bien attention de ne pas trop chauffer, car le portrait serait tout voilé de mercure et gâté; autant que possible, que le thermomètre reste toujours pendant l'opération entre 50 et 65 degrés. Cette opération doit toujours être faite, autant que possible, dans un endroit très obscur.

Manière d'éviter les accidents qui arrivent à la cinquième opération.

DU FIXAGE.

Si l'hyposulfite de soude n'était pas assez fort quand on lave, il n'enlèverait pas bien l'iode, et le portrait, en chauffant au sel d'or, se couvrirait d'un voile bleu ou blanchâtre; si l'eau était sale, elle gâterait le portrait; si on chauffait trop au sel d'or, l'argent sauterait, la plaque et le portrait seraient perdus; si on ne chauffait pas assez, quand on voudrait appliquer les couleurs sur le portrait, il se rayerait. Quand l'hyposulfite est sale, on le filtre avec un papier.

COULEUR.

—

Manière de colorier les portraits daguerriens.

On prend un peu de notre couleur sur la pointe d'un couteau bien propre, on l'écrase bien fine sur du fort papier blanc : cela peut servir bien longtemps ; pour chaque couleur on doit avoir un papier; de même un pinceau; les pinceaux doivent être très fins et très mous. On met les couleurs comme on le désire sur les parties du visage où on le juge nécessaire; appuyer très légèrement, et mettre à la pointe du pinceau très peu de couleur ; s'il y en avait trop, rien de plus facile que de l'ôter avec un pinceau que l'on a exprès pour cela ; s'il n'y en avait pas assez, on en ajouterait de nouveau de la même manière. Quand on veut fixer la couleur sur le portrait, on remplit une assiette d'eau distillée ; dedans, on met une à deux gouttes d'esprit-de-vin à 40 degrés ; on met le portrait colorié dans l'assiette pendant 15 secondes (un quart de minute), on le retire : le prendre par l'angle de la plaque ; on le tient incliné sur la lampe à esprit-de-vin, on souffle légèrement dessus jusqu'à ce que la plaque soit sèche, et qu'il n'y ait plus d'eau dessus; le portrait est fini. Cette dernière opération n'est pas absolument nécessaire, sans cela la couleur se conserve bien. — Une boîte de couleurs, bien complète, avec les couleurs pour les habits et les cheveux, les couleurs chair et carmin, une petite cuvette d'or, une d'argent avec pinceaux bien assortis. Les couleurs doivent être appliquées à sec et en poudre extra-fine composée par nous. — 15 fr.

Avec une boîte il y en a pour la vie. (Il faut mouiller un peu l'or et l'argent avec de l'eau distillée quand on veut s'en servir : le gros pinceau sert pour donner un dernier coup.)

Composition de l'hyposulfite de soude.

Dans un litre d'eau distillée, mettre cent grammes d'hyposulfite de soude en grains cristallisés ; on agite la bouteille jusqu'à ce qu'il soit dissous ; après on le filtre avec un papier ; on peut s'en servir de suite; cela peut durer indéfiniment, car, après chaque opération, on peut le ramasser et s'en servir de nouveau ; on doit le filtrer tous les jours quand on veut travailler. Nous conseillons d'en faire seulement un demi-litre à la fois, mettre dedans cinquante grammes d'hyposulfite de soude.

Composition du sel d'or.

Dans un litre d'eau distillée, on met un gramme de sel d'or ; on agite la bouteille pendant une ou deux minutes ; on peut s'en servir de suite après avoir filtré.

Si on voulait des compositions moindres, on mettrait en proportion moins d'eau.

Dans la cuvette ou boîte à iode, on met environ cent grammes de notre iode préparé ; cela peut servir très longtemps sans y toucher; on le répartit bien uniment avec une plume.

Dans l'autre cuvette, on met cent grammes environ de notre poudre dite *bromure de chaux;* on la répartit bien uniment au fond de la boîte avec une plume ; cela peut durer très longtemps sans y toucher.

Des fonds bleu foncé, rouge ou gros gris, et même bleu clair, sont les meilleurs pour mettre derrière les personnes.

Les personnes qui désireraient travailler avec notre ancienne Méthode, le prix d'un flacon de liqueur (demi-litre), qui peut durer des années, est de 20 fr. On doit ioder la plaque jaune-paille et la mettre sur la liqueur jusqu'à ce qu'elle soit couleur fleur de rose. Ce procédé est presque immanquable. On doit travailler un quart d'heure après avoir préparé la plaque, même un jour ou deux après, cela ne fait rien; cette liqueur peut durer toujours, attendu que chaque soir on la ramasse dans un flacon.

Note très utile.

Dans les temps de pluie, souvent le tripoli se trouve humide, alors il devient impossible de travailler ; pour le sécher on prend une vieille plaque, on la couvre de tripoli à peu près épais comme une pièce de 5 fr. ; mettre la plaque dessus le pied à chlorurer avec une forte lampe à esprit-de-vin, chauffer pendant une minute, le tripoli devient un peu plus rouge, mais il est d'une qualité bien supérieure. Quand le rouge d'Angleterre devient humide, on agit de même que pour le tripoli. Dans les mauvais temps on doit faire du feu dans les endroits où l'on travaille; on peut toujours travailler, mais ne pas être surpris si les opérations doublent ou triplent, même à cause de la température. L'opérateur, avec de la pratique, parviendra à faire de beaux portraits par tous les temps.

Optique.

On ne saurait apporter trop de soin à la partie optique du Daguerréotype : les objectifs devront être choisis avec le plus grand soin, les verres exempts de bulles autant que possible, cependant pour quelques petites bulles dans les verres il ne faudrait pas rejeter un bon objectif; j'ai opéré très longtemps avec un objectif de Vienne (Autriche), criblé de petits points, cependant je faisais avec de belles épreuves. Quand on veut travailler dans la chambre, il est nécessaire d'avoir des objectifs à court foyer; il faut très peu de distance, au lieu qu'avec des objectifs à long foyer la distance nécessaire est beaucoup plus considérable. Nous conseillons, pour portraits, les objectifs à court foyer, et pour les vues, les objectifs à long foyer. Nous préférons la glace parallèle au prisme pour redresser les monuments, paysages ou tout ce que l'on veut reproduire. Tout le monde sait que pour faire de belles épreuves les objectifs doivent être achromatiques, à verres doubles.

Ébénisterie.

A tous, nous dirons qu'il est nécessaire d'avoir de bons ouvriers pour l'ébénisterie, qui doit être très juste et bien solide; employer du bois de noyer bien sec de préférence. J'ai essayé bien des fois l'acajou, j'ai été obligé de l'abandonner; il y a quatre mois que je me sers d'une chambre noire en acajou, elle est toute imprégnée de vapeur et humide, je suis forcé de ne plus m'en servir; après deux mois j'ai été forcé d'abandonner la chambre à mercure en acajou, j'ai toujours été très content du noyer.

La chambre noire doit être à coulisse, à tiroir avec vis d'arrêt, bien noirci en dedans.

Les châssis doivent prendre bien juste, de manière qu'il ne pénètre dans l'intérieur de la chambre noire aucune lumière, et disposés de manière à préparer la plaque à nu, pouvoir l'ôter et la remettre avec facilité.

La planchette à polir doit être recouverte d'un gros drap bien fixé dessus avec vis aux quatre coins; c'est ce qu'on appelle planchette américaine pour polir.

Le pied qui porte la chambre noire doit être à boule rotule; qu'il soit facile de faire aller la chambre noire à droite ou à gauche, comme il convient à l'opérateur.

Le pied doit être à charnière se repliant sur lui-même, c'est beaucoup plus commode pour la campagne; l'appui-tête doit aussi être disposé de manière à ce qu'il soit facile de l'attacher au dos d'une chaise se pliant à volonté.

BOÎTE A BROMURE DE CHAUX.

Il faut qu'elle soit en noyer bien sec; au fond de la boîte, quatre petits supports en cuivre poser dessus la cuvette en faïence ou porcelaine, qu'elle prenne bien juste; elle doit être recouverte d'un couvercle en bois dans lequel passe une glace dépolie qui fait tiroir et se trouve parfaitement rodée sur la cuvette.

BOITE A IODE.

(Absolument de même que la boîte à bromure de chaux.)

La chambre à mercure en noyer avec un thermomètre devant la petite fenêtre pour consulter les progrès de l'épreuve; au fond, une capsule en métal à tiroir, de manière qu'il soit facile d'ôter ou de mettre le mercure; la capsule le plus profond possible. La boîte doit avoir deux pieds à coulisse rentrant sur les côtés; autrement, il faudrait l'attacher au mur, ce qui serait très incommode. La boîte toujours bien noircie en dedans.

Des admirables fonds d'or inventés par M. Leyros en 1849.

Depuis longtemps, j'étais à la recherche d'un procédé pour éviter le miroitage des fonds, et empêcher qu'au premier coup-d'œil il soit possible de dire : voilà un daguerréotype; c'est ce que je crois avoir obtenu avec mes fonds d'or. J'en ai fait voir à des personnes distinguées qui m'ont dit : cela n'est pas du daguerréotype, mais bien une miniature; pour les convaincre, il m'a fallu leur faire examiner à la loupe les détails du visage qu'il est impossible de faire au pinceau. J'étais bien loin de penser dans mes recherches qu'à l'aide d'un moyen aussi simple que facile, je parviendrais à obtenir d'aussi beaux résultats; tout le monde pourra en juger; ne voulant pas en faire un mystère, je rends le secret public en décrivant mon procédé et donnant les détails les plus précis, afin que tout artiste ou amateur possédant un daguerréotype puisse en faire autant que moi sans la moindre difficulté; seulement, j'ai voulu m'assurer le droit d'inventeur. Pour cela j'ai fait publier divers articles et annonces dans les journaux, me disant l'inventeur, afin de prouver que jusqu'à ce jour personne n'avait obtenu ces fonds: il y a trois mois que j'ai fait les premiers.

PROCÉDÉS.

Il faut avoir des pinceaux très mous; dans une coquille de bon or, on met une goutte d'eau pure distillée, une goutte d'alcool à 40 degrés, une goutte d'eau de Cologne très pure. Ce mélange a l'avantage de faire sécher très vite l'or sur la plaque. Quand on veut faire un fond d'or, on prend une belle épreuve; fixer très fort au sel d'or; quand il y aurait des taches et ou de l'argent sauté sur le fond, cela ne ferait rien puisqu'il faut recouvrir entièrement le fond d'or. On commence par colorier l'épreuve avec de bonne couleur, ensuite, on trempe la pointe d'un pinceau dans la coquille préparée comme il est dit ci-dessus, on applique sur le fond, revenant souvent à la même place; quand on approche de la tête et du corps, il faut apporter la plus grande attention pour ne pas mettre l'or dessus, car il ne serait plus possible de le lever, à moins de lancer le portrait dans une bassine en faïence pleine d'eau, l'agiter fortement pendant quelques minutes, même, au besoin, frotter dessus avec un pinceau, jusqu'à ce que l'or soit entièrement enlevé, ce qui est fort difficile quand on a bien réussi à appliquer tout le fond en or; on doit toujours tenir l'épreuve à plat afin que l'or ne file pas d'un côté ou de l'autre; poser le portrait sur une table et le laisser sécher pendant dix minutes ; alors, on a un beau fond d'or mat qui ne miroite pas sous le cristal et ne se détache jamais, car il est devenu adhérent à la plaque en séchant.

Nous espérons, dans peu, apporter de grandes améliorations à ce procédé. Pour un quart de plaque, à peu près une coquille d'or.

Manière de préparer soi-même le bromure de chaux.

On met un morceau de chaux vive dans une assiette, puis on verse dessus quelques gouttes d'eau distillée, afin qu'elle se divise ; quand elle est complètement en mortier bien délité, on la passe dans un tamis bien fin, on peut ainsi en préparer une grande quantité et la conserver dans un flacon bien bouché à l'émeri. Lorsque l'on veut préparer le bromure de chaux, on mêt environ un quart de litre de chaux, préparée comme nous l'avons dit ci-dessus, qui pour lors doit être en poudre, dans une cuvette à eau bromée; on place dans le milieu un verre très petit, dans lequel on verse 45 à 48 grammes de brôme pur, puis on couvre la cuvette avec un objet noir quelconque, on laisse reposer pendant deux jours (48 heures): la chaux doit avoir la couleur rose un peu rouge, il ne doit plus y avoir de brôme dans le petit verre, la chaux l'a absorbé. On a un flacon très juste qui bouche à l'émeri, de manière à ce que rien ne puisse s'évaporer, on met dedans le bromure de chaux, il se conserve toujours en ayant soin d'envelopper le flacon d'un grand papier noir; quand on veut travailler on en prend la quantité nécessaire, nous conseillons pour la première fois de prendre pour modèle un petit flacon de deux onces préparé par nous; de cette manière on a toujours un modèle devant les yeux; plus nous conseillons d'acheter la chaux en poudre chez nous, elle ne coûte presque rien et est d'une qualité supérieure.

Les personnes qui font le bromure de chaux elles-mêmes sont priées de faire bien attention en débouchant le brôme, cela est très dangereux. Pour travailler avec notre Méthode, il est nécessaire d'avoir une boîte exprès, tant pour la poudre dite bromure de chaux que pour l'iode. Tout le reste de la boiserie de l'appareil peut être arrangé, et une planchette pour modèle pour attacher les plaques à nu, afin de faire arranger celles qu'on a de même.

La boîte à bromure de chaux, quand elle est bien rodée, qu'elle ne prend pas d'air, est très bonne pour faire le bromure de chaux; en place on peut aussi se servir d'un flacon à large ouverture bouchant à l'émeri; on met la chaux dedans et le petit verre contenant les 45 à 48 grammes de brôme pur; reboucher le flacon.

On laisse reposer pendant 48 heures, comme il est dit plus haut.

Quand on s'aperçoit que le bromure de chaux perd de sa force, on met dans un petit verre quelques gouttes de brôme pur (1 ou 2), un peu plus ou moins ne ferait rien. On met le petit verre au fond de la boîte qui contient le bromure de chaux. On recouvre bien la boîte avec la glace dépolie; laisser reposer 24 heures, après on peut travailler : le bromure de chaux est aussi bon que le premier jour. Cette opération peut se renouveler indéfiniment, de cette manière un flacon sert toujours.

Manière d'obtenir des reproductions de dessins, gravures, lithographies, sans daguerréotype, à l'aide d'un produit chimique.

On prend une boîte garnie partout en verre en dedans, dans laquelle on met 200 grammes d'iode pur ; un jour avant d'opérer il faut avoir une planche de la grandeur du dessin qu'on veut reproduire; on l'attache dessus, on le pose sur la boîte qui contient l'iode jusqu'à ce que la gravure ait pris une couleur jaunâtre un peu rosée. Le noir absorbe de l'iode et non le blanc. Autant que possible, le dessin ou la lithographie qu'on veut reproduire doit être blanc ou bleu. On fait bouillir à peine un peu d'amidon bien étendu dans de l'eau distillée ; sur une feuille de beau papier fort très blanc on étend dessus avec un pinceau mou une couche très mince d'amidon. On y applique le dessin déjà préparé : sous le papier il doit y avoir un verre plat bien uni, on en pose dessus un autre; sur le tout mettre un poids de 10 kilos, plus ou moins ne fait rien. On comprendra facilement que si les objets n'étaient pas bien droits, il y aurait des parties qui prendraient et non d'autres. Pour commencer il faut toujours prendre de dessins ou lithographies de peu de valeur, ils se gâtent souvent pendant l'opération. Je crois ce genre de reproduction susceptible de grandes améliorations avec le temps et en travaillant beaucoup. Il est nécessaire de mettre dans les 200 grammes d'iode, 10 grammes à peu près de poudre de chaux; les reproductions sortiront tantôt d'une couleur, tantôt d'une autre : il n'y a rien de positif.

Manière de faire l'eau distillée.

On a un tube en plomb ou zinc recourbé de manière que chaque bout se trouve l'un pour entrer dans le goulot d'une bouteille, l'autre bout agrandi de manière à ce que le goulot de la deuxième bouteille entre dedans; fermer les deux bouts hermétiquement. Le tube doit être creux; emplir d'eau ordinaire la bouteille dont le goulot entre dans le tube, la mettre sur du charbon bien allumé, la laisser toujours bouillir. La vapeur monte et au moyen du tube qui est cintré va retomber dans l'autre bouteille. Cette eau est parfaitement distillée ; on peut se servir de bouteilles en verre, avoir soin qu'elles ne soient point étoilées car elles se briseraient ; il serait mieux de les avoir en métal quelconque, il faut avoir un fort chiffon mouillé dans de l'eau froide et frotter avec souvent le tube ; cela facilite, la vapeur de l'eau monte avec plus de facilité et se distille plus vite. La bouteille qui reçoit l'eau distillée doit plonger dans un vase rempli d'eau froide.

Je crois rendre un grand service aux artistes et amateurs, en leur indiquant ce moyen très simple ; car il est souvent fort difficile de se procurer l'eau distillée pure, et il faut la payer des prix exorbitants sans jamais être sûr de la trouver bonne. Dans mes voyages je m'y suis toujours pris de cette manière à mon avantage. Dans l'intérêt de mes confrères, je leur donne tout ce qu'une longue pratique m'a enseigné, les prévenant que je ne suis pas écrivain ; je fais tout ce qu'il m'est possible pour leur économiser du temps et de l'argent : chacun doit travailler pour améliorer cette invention admirable.

Augmentation des métaux.

Nous ne décrirons pas les divers métaux qu'il est facile d'augmenter, seulement nous parlerons du plomb ou de l'étain : le procédé est le même. On a un vase en fonte ou autre, dedans on met à peu près 500 grammes de plomb, on entretient pendant un quart d'heure dessous un feu très ardent ; ajoutez 10 grammes alcool à 36 degrés, 25 grammes d'huile pure, encore 500 autres grammes de plomb, ajoutez 250 grammes de pierre blanche ou plâtre, en poudre pulvérisée, la plus pesante qu'il est possible de trouver; enflammer le tout, remuer avec un bâton pendant 10 ou 12 minutes. On doit entretenir dessous un feu très ardent, laisser refroidir, on aura une grande augmentation, et le métal sera d'un beau blanc. Dans peu nous publierons une brochure détaillée à ce sujet. Nous ne sommes encore qu'à l'état d'essai, il sera facile de reconnaître quand les métaux auront été mélangés en en faisant dissoudre une petite quantité. Le résidu sera de la matière ajoutée très facile à reconnaître.

Composition du savon de neige.

On a beaucoup parlé des savons de neige, mais sans pouvoir en retirer aucune utilité. Nous donnons la manière de les composer plutôt pour faire reconnaître avec facilité la fraude, car s'il y a peu de neige ajoutée, le savon sera aussi bon, mais il y aura perte réelle pour l'acheteur, car il se dissoudra bien plus vite à l'eau. Pour reconnaître quand il y aura de la neige, il suffira d'approcher du feu le savon soupçonné, il paraîtra de suite à la surface des petites bulles humides.

Dans l'hiver, quand il y a beaucoup de neige et qu'il gèle peu, on prend 500 grammes de neige que l'on pétrit bien avec 5 kilos de savon ordinaire; laissez reposer un jour (24 heures), dans une cave; ajoutez de nouveau 500 grammes de neige; bien broyer le tout pendant une heure, le savon est fait. On aura une augmentation d'à peu près 800 grammes. On doit toujours conserver le savon dans une cave fraîche; certes celui qui fera le savon pour son usage trouvera un beau bénéfice, mais celui qui l'achèterait pour du savon sans mélange serait en perte.

PHOTOGRAPHIE

SUR PAPIER.

—

Portraits, Vues, Monuments, Dessins, etc.

Presque tous les bons artistes que nous avons eu l'honneur de voir opérer en France et à l'étranger, procèdent, à peu de chose près, de cette manière :

OPÉRATION SUR PAPIER.

—

Si l'art de la photographie a fait d'immenses progrès sur plaqué d'argent, il n'en est pas tout-à-fait de même sur papier. Si quand on a une belle épreuve on a l'avantage de la reproduire à l'infini, il est aussi très difficile d'en obtenir de bonnes. Elles ne miroitent pas autant, il est vrai, que sur plaqué d'argent; mais elles donnent cette quantité de petits points qui ne plairont jamais. Si on veut les retoucher, elles perdent beaucoup, au lieu que l'épreuve sur plaqué d'argent bien coloriée ressemble à une miniature, plus la ressemblance parfaite. Cependant avec de grands soins on fait de très belles épreuves sur papier, notamment des vues, paysages, monuments, etc. Nous croyons cette partie de l'art du daguerréotype susceptible de grandes améliorations avant peu. Bientôt nous espérons publier un autre volume sur le perfectionnement de la photographie sur papier.

Tant d'amateurs distingués s'occupent de la photographie et poursuivent leurs opérations avec une telle persévérance qu'il est impossible qu'ils ne parviennent pas avec le temps à d'immenses progrès.

Toutes les opérations se ressemblent, plus ou moins, avec celles du daguerréotype sur plaqué d'argent.

Nous donnerons comparativement un abrégé des deux procédés en regard l'un de l'autre, afin de faciliter ceux qui connaîtraient déjà le procédé sur argent. Le même daguerréotype peut servir; il y a de très faibles changements à faire seulement pour attacher le papier à la place de la plaque argentée; cependant, ceux qui ne voudraient faire absolument aucune dépense peuvent coller par les quatre coins le papier à la place où ils ont l'habitude de mettre la plaque argentée; de cette manière, ils pourraient faire des essais sans qu'il leur en coûtât rien.

Article 1er. La solution composée d'eau distillée et de nitrate d'argent correspond au polissage des plaques.

Article 2me. La composition d'iodure de potassium correspond à l'iodage des plaques.

Article 3me. Le mélange d'acide acétique et de nitrate d'argent correspond au bromure de chaux.

Article 4me. L'acide gallique qui sert à faire paraître l'épreuve correspond au mercure.

Article 5me. Le lavage correspond à l'hyposulfite de soude.

Article 6me. La composition de bromure de potassium correspond au sel d'or.

Article 7me. Le lavage qu'on fait en dernier lieu correspond au lavage après le sel d'or.

OPÉRATIONS DU PAPIER NÉGATIF.

Le travail se divise en deux parties bien distinctes l'une de l'autre : la première qu'on obtient à la chambre noire, c'est-à-dire à l'éclairage, l'épreuve est négative et peut être reproduite à l'infini ; les parties éclairées sont représentées par les noirs dans les opérations de photographie. Un beau papier à lettre glacé, très fort, exempt de taches et de gerçures, est nécessaire; il faut qu'il soit de la plus belle pâte ; celui qui ne remplirait pas ces conditions sera rejeté comme impropre à la photographie, car c'est une des parties essentielles pour la bonne réussite des épreuves.

PREMIÈRE OPÉRATION.

On mettra dans une cuvette en faïence une dissolution qu'on aura préparée avant dans un flacon bouché à l'émeri et conservé à l'abri de la lumière, 3 grammes 1/2 de nitrate d'argent, 100 grammes eau distillée; on déposera le papier à plat sur la composition, ayant soin, entre le liquide et le papier, de n'enfermer aucun corps étranger ni bulles d'air: le papier ne doit pas plonger, mais toujours rester à la surface; après 90 secondes sur ce bain, on retirera le papier, le prenant avec une petite pince par un des angles; le tenir incliné jusqu'à ce qu'il soit égoutté, et puis on le déposera sur un meuble uni, de préférence sur une toile cirée; le laisser sécher doucement, éviter le dépôt du liquide par places, ce qui donnerait des taches. Un peu plus ou moins de composition en général ne ferait rien, de même qu'un peu plus ou moins de temps aux diverses opérations ne ferait presque rien pour la réussite.

DEUXIÈME OPÉRATION.

Dans une bassine ou cuvette en faïence, on verse une dissolution qu'on a préparée à l'avance dans un flacon bouché à l'émeri :

30 parties d'iodure de potassium,

1 partie de bromure de potassium,

640 parties d'eau distillée. Si on veut avoir moins de liquide, on fera les proportions moindres comparativement. On plongera le papier préparé à la première opération, on devra laisser au-dessus le côté nitraté ; on le laissera d'une à trois minutes, suivant la température ; on prend le papier par deux angles et on le met

dans un grand plat rempli d'eau distillée, afin de le laver et enlever tout le dépôt qui, sans cela, pourrait rester à la surface ; on prendra le papier par un angle, le laisser égoutter; si l'on est pressé, sécher vite, autrement le mettre sur une ficelle horizontalement, le laisser bien sécher ainsi. Après, on le conservera dans une boîte quelconque, à l'abri de la lumière et de la poussière; éviter de le tasser en aucune manière. Il peut se conserver des mois; mais plus il est nouveau meilleur il est. On remet dans les flacons les liquides qui ont déjà servi, on s'en servira jusqu'à ce qu'il ne reste plus rien dans les flacons; mais faire bien attention qu'ils doivent être conservés à l'abri de la lumière, autrement, dans peu de temps ils se détérioreraient et ne vaudraient plus rien.

———

TROISIÈME OPÉRATION.

Quand on voudra faire un portrait, une vue ou reproduction quelconque, on versera sur un grand morceau de fort verre carré, bien plane, sur un support qu'il débordera, quelques gouttes de la dissolution suivante : 5 grammes nitrate d'argent, 28 grammes eau distillée, 10 grammes acide acétique; laisser reposer 2 ou 3 heures et ajouter 28 grammes eau distillée; conserver cette préparation dans un flacon bouché à l'émeri, à l'abri de la lumière; s'il se formait un dépôt, il faudrait filtrer le liquide. On placera le papier sur la feuille de verre nommée plus haut, du côté du papier sur lequel on a, dans la même opération, fait l'absorption du nitrate d'argent; étendre bien uniment avec la main le papier, de manière qu'il s'imbibe bien partout de la dissolution qu'on a versée sur le verre : il faut, autant que possible, qu'il adhère très bien au verre sans qu'il se trouve ni bulles d'air, ni corps étranger. Après, on le couvre d'un fort papier très propre qu'on a trempé à l'avance dans l'eau distillée; sur cette feuille de papier, on met une autre feuille de fort verre de la même grandeur que la première, et on presse fortement dessus pour unir le tout ensemble, on transporte le tout dans un châssis de la chambre noire fait exprès; si on n'avait pas cela disposé, on attacherait sur la planchette qui sert dans les châssis à attacher la plaque argentée, une feuille de fort papier humide; dessus, on collerait par les quatre coins la feuille de papier préparée; quand on opère à sec, l'opération est beaucoup plus longue. On opérera comme pour le plaqué d'argent, mettant le modèle au point le mieux possible, en faisant jouer la crémaillère de l'objectif à droite ou à gauche, reculant ou avançant la coulisse de la chambre noire comme on le jugera à propos, jusqu'à ce que l'on voie bien clairs et nets les plus petits détails de l'objet qu'on veut reproduire.

L'exposition à la chambre noire du modèle varie beaucoup, suivant la température ou la lumière, habituellement, pendant le beau temps, de 25 secondes à 2 minutes; par les mauvais temps, l'opérateur se réglera lui-même. On comprendra facilement que si l'on opérait privé de lumière ou dans des heures de jour non propices, on n'obtiendrait rien, même en restant des heures entières; en hiver, on doit opérer de 10 heures à 3 heures; en été, de 8 heures à 6 heures. En tout cela, la pratique guidera l'opérateur.

On retirera l'épreuve placée dans le châssis, on la posera sur une feuille de verre; mouiller légèrement pour y faire adhérer le papier plus facilement, verser dessus une dissolution saturée d'acide gallique, l'image apparaît de suite, on laisse agir l'acide gallique afin que tous les détails arrivent dans les clairs-obscurs ; on arrêtera toutefois l'opération avant que les blancs qui doivent former les noirs dans l'épreuve positive ne s'altèrent, car il n'y aurait plus moyen de réparer. On verse de l'eau distillée sur l'épreuve pour la laver et la débarrasser de l'acide gallique, on la dépose sur la feuille de verre qui est sur le support, on verse dessus une couche de la dissolution suivante qu'on y laisse 20 minutes, ayant bien soin qu'elle soit toujours recouverte :

5 grammes bromure de potassium,

190 grammes eau distillée, dans un flacon bouché à l'émeri ; faire cette composition 24 heures avant de travailler ; elle se conserve longtemps. Ensuite, laver l'épreuve à grande eau, dans un grand plat; après, la sécher entre plusieurs feuilles de papier à filtrer, dit bu-

vard; ensuite, l'imbiber de cire vierge qu'on aura grattée sur le papier, la faire fondre avec un fer à repasser bien chaud à travers plusieurs feuilles de papier à lettre très propres qu'on renouvellera afin d'enlever tout dépôt à la surface de l'épreuve; le négatif est fini et prêt à faire une quantité considérable d'épreuves positives.

Manière de préparer le papier pour faire les épreuves positives.

On choisira le plus gros et le plus beau papier à lettre glacé qu'il sera possible de trouver; s'il s'en trouvait quelques feuilles qui eussent des petites taches, ou points, des signes quelconques, on les rejettera, car avec ce papier on n'obtiendrait jamais une bonne épreuve. On aura bien soin avant de s'en servir de l'épousseter, afin de faire partir le peu de poussière qui pourrait y adhérer, ainsi que tous corps étrangers.

On versera dans une cuvette la dissolution suivante : 15 grammes eau saturée de sel marin, 48 grammes eau distillée ; il est nécessaire de comprendre que, pour ces diverses compositions, nous donnons des proportions justes, mais qu'on peut mettre un peu plus ou moins que cela ne fait rien ; elles doivent toujours être faites autant que possible à l'avance; déposer à plat la feuille de papier sur la composition qui est dans la cuvette, seulement à la surface de l'eau, jusqu'à ce qu'elle soit parfaitement unie sur l'eau habituellement 3 ou 4 minutes ; la sécher ensuite entre du papier à filtrer, dit buvard, jusqu'à ce qu'on n'aperçoive plus absolument aucune humidité.

Après l'avoir bien séchée, on déposera la feuille de papier sur une dissolution de 5 grammes nitrate d'argent, 24 grammes eau distillée ; on la laissera dessus 2 à 3 minutes; on prendra la feuille par un angle, on la laissera égoutter avec le plus grand soin, ensuite on la déposera sur une surface bien unie, meuble ou toile cirée. Quand ce papier sera bien sec, on devra avoir une boîte en carton exprès tenue bien proprement pour le mettre. On fera bien attention de ne pas le tasser, on refermera la boîte avec soin. On peut conserver ce papier assez longtemps, cependant nous préférons le papier frais préparé, car souvent il finit par se tacher ou prendre des couleurs désagréables.

Quand on veut faire une épreuve positive, on place l'épreuve négative du côté où le dessin paraît sur la surface préparée du papier positif; on réunira les deux entre deux feuilles de verre très fort, afin que leur poids fasse pression, déposer sur une planche recouverte d'un fort drap noir; l'épreuve négative devra être parfaitement adhérente au papier positif; pour plus de sûreté qu'elles ne se dérangent pas, on les pressera fortement avec deux vis en bois. Celles qui servent pour attacher à une table les planchettes à polir la plaque d'argent seraient bonnes pour cela. Après on exposera au soleil, autant que possible, et de manière à faire tomber ses rayons droits sur les feuilles de verre. Cette exposition au soleil doit durer de 15 à 25 minutes : il suffira de peu d'essais pour pouvoir bien déterminer le temps nécessaire.

On comprendra facilement que si on opérait à l'ombre, cette exposition se prolongerait indéfiniment ; par des temps de brouillards ou de pluies il serait presque impossible de rien faire.

L'exposition finie, on portera l'épreuve positive dans le cabinet noir, on la laissera tremper 20 minutes dans un bain d'eau distillée naturelle; après on la transportera dans une dissolution d'hyposulfite de soude, qu'on mettra dans une cuvette, 80 grammes hyposulfite de soude, 750 grammes eau distillée dans un flacon, qu'on agitera jusqu'à ce que l'hyposulfite soit entièrement dissous; on filtrera avec du papier et versera le tout dans la cuvette avant de mettre l'épreuve.

Alors au jour on suivra les progrès de l'épreuve; dans cette dissolution les blancs de l'épreuve prendront un bel éclat, la nuance d'abord d'une vilaine couleur roussâtre prendra une belle teinte brune et le noir de la gravure ; ce sera à l'opérateur d'arrêter son épreuve à la teinte qui lui conviendra le mieux; elle sera finie. Afin d'enlever l'hyposulfite, on le lavera à grande eau, on le laissera dans un vase rempli d'eau pendant 8 à 10 heures au moins, ensuite on séchera entre plusieurs feuilles de papier buvard.

Quoique plusieurs amateurs de photographie distingués assurent que le papier dans peu remplacera la plaque argentée, nous osons assurer le contraire. Nous croyons qu'il sera toujours impossible d'obtenir sur papier cette pureté qu'il est si facile d'obtenir sur plaqué d'argent ; puis sur la plaque il est facile de livrer à l'instant un portrait : au lieu de cela sur papier il faut faire attendre un jour avant de livrer le portrait, et il est plus que probable que jamais on ne parviendra à faire ces admirables miniatures devant lesquelles le public reste extasié : si la photographie sur papier fait quelque progrès, ceux sur plaqué d'argent seront immenses comparativement.

Nous terminerons cet ouvrage croyant avoir fait notre devoir envers tous, c'est déjà un grand avantage que d'avoir donné le moyen de faire l'eau distillée au photographe sur papier, qui en use une si grande quantité. Nous ne nous sommes pas amusé à décrire une quantité de procédés, parce que tous se ressemblent plus ou moins, et que cela ne sert qu'à faire un fort volume qui souvent donne de grandes difficultés à l'opérateur, au lieu qu'en simplifiant le plus possible toutes les opérations, nous les avons mises à la portée d'être comprises facilement de tout le monde, cependant n'ayant rien négligé de ce qui est nécessaire pour la bonne réussite.

Objets, ustensiles et substances chimiques qu'on peut se procurer chez nous, nécessaires à la Photographie.

2 Plats en faïence; au besoin on peut prendre deux assiettes. Cela sert pour préparer le papier au sel marin et au nitrate d'argent.

6 Cuvettes en faïence pour l'iodure de potassium, l'hyposulfite, l'eau distillée et l'eau filtrée, pour laver les glaces, pour laver le papier.

1 Support pour préparer le papier avant de l'exposer à la chambre noire.

PAGINATION DECALEE

1 Verre gradué.

1 Balance de précision pour faire les pesées.

Papier brouillard ou à filtrer.

Papier à lettre ordinaire, pour absorber l'excès de cire.

Papier fort pour entretenir l'humidité.

Papier négatif glacé.

Papier fort glacé positif.

Fer à repasser.

SUBSTANCES CHIMIQUES.

Nitrate d'argent.

Iodure de potassium.

Bromure de potassium.

Acide gallique.

Acide acétique cristallisable.

Ammoniaque.

Eau distillée.

Hyposulfite de soude.

Cire vierge.

Flacons bouchés à l'émeri.

LE MAGNÉTISME OU SOMNAMBULISME

DÉVOILÉ A TOUT LE MONDE.

—

L'agent magnétiseur n'est autre que le fluide nerveux qui entretient la vie chez chaque individu ; c'est par l'effet de la volonté qu'on l'envoie du centre vers les extrémités. En lui faisant traverser les extrémités organiques, on en imprègne les corps dans lesquels on désire le faire pénétrer. Nous ne nous servirons que de termes excessivement simples afin d'être compris de tous.

INTRODUCTION.

—

Le magnétisme ou somnambulisme est maintenant très répandu ; on y a confiance assez généralement. Qu'on ne croie pas cependant que nous allons nous faire l'apologiste du magnétisme et inviter les autres à croire ce que nous ne croyons pas nous-même, car Dieu seul peut dévoiler l'avenir. Il nous est difficile de croire à la longue vue du somnambule, nous croyons que c'est tenter Dieu que de l'essayer. Il y a des magnétiseurs qui prétendent envoyer l'âme (disent-ils) du somnambule à travers l'espace, dans les pays les plus lointains, même à travers les mers. Jusqu'à ce jour nous n'avons rien vu qui puisse nous convaincre de ce fait.

Cependant le magnétisme est reconnu depuis longtemps, même chez certains animaux : le serpent, à l'aide de ses yeux étincelants, fascine la proie qu'il veut dévorer, et l'oiseau de proie, en décrivant une multitude de cercles autour des oiseaux d'une espèce plus petite, les endort et fond sur eux pour en faire sa proie quand ils ont perdu toute connaissance. Nous avons été témoin d'une multitude de faits de ce genre ; nous avons plusieurs fois éprouvé le magnétisme par nous-même. Endormir son sujet, lui faire perdre connaissance entièrement, même le faire parler, cela est facile si le magnétiseur opère sur un sujet plus faible que lui et s'il a l'habitude de magnétiser, s'il est en pleine santé et tranquille d'esprit, afin que rien ne l'inquiète et qu'il n'ait aucune pensée autre. Cependant il faudra choisir longtemps avant de trouver une personne facile à magnétiser, et faire une quantité considérable d'essais avant de réussir ; cependant il est certain que tôt ou tard la personne qui voudra s'occuper de magnétisme, se trouvant dans les conditions de santé voulues, parviendra à des résultats satisfaisants ; mais il faut du courage et de la persévérance, et surtout ne pas se rebuter des insuccès. Nous allons, sans arrière-pensée, dévoiler, le plus succinctement possible, la partie du magnétisme que nous croyons la plus facile, évitant tous les détails inutiles ; nous ne ferons pas l'histoire du somnambulisme.

Dans peu nous espérons publier un volume beaucoup plus détaillé.

A tous ceux qui veulent s'occuper de Magnétisme.

Conditions essentielles.

Il est de rigueur que celui qui veut magnétiser soit plein de santé, se nourrisse bien et cependant soit sobre, ne fasse aucun excès de femme ni autre, ait sa pureté de pensée et d'action et ne soit pas trop jeune. On ne doit agir que deux heures avant ou deux après le repas ; car si au moment de la digestion, on voulait réitérer ses essais sur un sujet difficile, il pourrait en résulter une congestion cérébrale ou apoplexie foudroyante. Le magnétiseur doit avoir une grande énergie, ne pas craindre l'insuccès et ne jamais se rebuter.

Le sujet devra être absolument dans les mêmes conditions, c'est-à-dire en bonne santé, deux heures avant ou deux heures après son repas, plus serait même mieux. Il est nécessaire qu'il soit exempt de toute arrière-pensée, car s'il se disait en lui-même : je ne veux pas être magnétisé, ou avait toute autre occupation de tête, il serait difficile, pour ne pas dire impossible, de réussir. Il ne faut pas oublier que celui qui veut être magnétisé doit toujours être d'une plus faible constitution que celui qui magnétise, afin de recevoir plus facilement le fluide calorique de son magnétiseur. Il faut être dans un appartement bien chaud, de manière à sentir une douce chaleur parcourir son corps et lui procurer un certain bien-être. Le local surtout doit être exempt de courant d'air. Il ne faut pas non plus une trop grande lumière. Si on agit dans le jour, il sera nécessaire d'avoir des rideaux aux fenêtres qui ne laissent passer qu'une demi-lumière ; si c'est la nuit, on placera la lumière sous une table ou un objet quelconque, de manière à ce qu'elle donne une faible clarté ; on fera asseoir le sujet qu'on voudra magnétiser dans un fauteuil ou chaise longue, bien à son aise ; de préférence on devra choisir une personne qui ne connaisse nullement le magnétisme, qui jamais n'en ait entendu parler. Un tel sujet se trouvera dans des conditions beaucoup plus faciles. Cependant quand on aura réussi à magnétiser un sujet, et qu'il sera déjà habitué à recevoir le fluide de son magnétiseur, il sera beaucoup plus facile à celui-ci d'obtenir une réussite constante. Nous avons voulu parler pour les commençants qui ont à supporter des difficultés beaucoup plus grandes que l'homme déjà habitué à magnétiser, et dont les trajets nerveux sont toujours disposés à l'immission de son fluide.

Pour le magnétiseur, le moment d'agir est venu, il doit s'approcher de son sujet, se mettre bien en face de lui, promener sur sa personne un regard calme et doux. Il n'y a que dans les cas d'insuccès qu'il faut avoir recours au regard fixe et perçant avec sévérité; il faut presser avec force les doigts dans la paume de la main, et les serrer les uns contre les autres; il serait nécessaire de ressentir une petite sueur dans la main et le bras qui vont agir, afin qu'ils possèdent toute la force qu'il est possible d'y accumuler à l'aide du concours soutenu de la volonté. Cet appel de force en soi-même fini, il étendra son bras, ouvrira sa main, la promènera du sommet de la tête au creux de l'estomac avec assez de vivacité en sens inverse, avec l'intention bien arrêtée de pousser toujours vers l'extrémité de ses doigts une chaleur de plus en plus forte; en pressant les doigts avec force les uns contre les autres sur le pouce; il doit sentir une chaleur plus grande et une sueur qui lui mouillera, à l'aide de cette contraction, le dedans de la main. Après un quart d'heure, si l'on n'a pas réussi, il faudra se reposer quelques minutes. Pour les premiers essais, il faut absolument être seul avec son sujet, car les diverses plaisanteries des assistants occuperaient le sujet et l'opérateur, ce qui rendrait l'opération impossible. Tout le monde n'est pas doué des qualités nécessaires pour réussir; nous avons vu des personnes qui, après des centaines d'essais, n'avaient rien produit de satisfaisant. Pendant ce temps de repos, il faut toujours maintenir son sujet à la même place, qui est déjà saturée de son fluide; on recommencera de nouveau, prenant les mêmes précautions, pendant quatre ou cinq fois. Si après ce temps on n'a pas réussi, la faute en sera à l'opérateur ou à son sujet; il faudra recommencer le lendemain avec le même sujet; en cas d'insuccès, avec un autre, et en changer jusqu'à ce que l'opérateur se soit convaincu que la faute vient de lui.

Plus le sujet sera faible en proportion du magnétiseur et lui sera soumis, attaché et bienveillant, plus il sera facile au fluide calorique d'agir sur lui.

Quand le magnétiseur veut désomnambuliser son sujet et le débarrasser du fluide, il se repose un peu et n'a plus besoin de sa force concentrée; il suffit de faire aller sa main en sens inverse sur le sujet, le toucher légèrement, laisser pénétrer un peu plus de lumière dans l'appartement, même ouvrir une fenêtre.

Le magnétiseur doit toujours agir debout ou sur un siège beaucoup plus élevé que son sujet, qu'il doit toujours dominer.

Le magnétisme n'est autre chose que la chaleur que chaque individu a en plus et qu'il parvient, à l'aide d'une puissance de volonté soutenue, à communiquer à son semblable; c'est pour cela qu'il est nécessaire d'agir sur un sujet plus faible auquel il est plus facile de communiquer son fluide vital. Il suffira de citer quelques exemples pour se convaincre de ce fait.

Ne suffit-il pas de soumettre à l'action du soleil, en faisant frapper directement ses rayons sur un verre de montre, un petit morceau d'amadou, qui après très peu de temps prendra feu? Cela n'est autre que la chaleur excessive des rayons lumineux en plus qui se communiquent à l'amadou. Tout le monde peut faire cet essai, la réussite est certaine; cela est déjà connu de beaucoup de monde.

On peut aussi prendre un fer à repasser, le faire chauffer, le mettre sur un linge, il communiquera sa chaleur par l'attraction. De même si on expose un meuble quelconque au soleil, si on le met ensuite en contact avec un autre, il lui communiquera sa chaleur.

L'agent magnétiseur n'est autre que le fluide nerveux qui entretient la vie; c'est par l'effet de la volonté qu'on l'envoie du centre vers les extrémités, en lui faisant franchir les extrémités organiques, ou en en imprégnant les corps dans lesquels on désire le faire pénétrer.

Nous nous sommes servi de termes excessivement faciles, afin d'être compris de tout le monde.

FIN.

DAGUERRÉOTYPE.

Prix courants de la maison Legros,

Rue Saint-Honoré, 199.

PARIS.

Voici un aperçu de nos Prix courants; il nous est impossible de vous les donner de tous les articles, vu qu'ils varient continuellement.

Article			fr.	c.
Méthode Legros pour apprendre seul à faire des portraits......			10	»
Daguerréotype 1/4 complet de tout ce qui est nécessaire pour travailler, très bonne qualité..................			140	»
Daguerréotype ordinaire id. complet, la réussite un peu plus difficile.			70	»
D°	1/2 complet très bonne qualité................		240	»
Objectif	1/4 très bonne qualité..........................		50	»
D°	1/2 plaques très bonne qualité..............		100	»
Plaques	1/4 au 30e d'argent qualité supérieure. La douzaine.		11	50
D°	1/6 au d° .. d° .. d° .. d°............	d° ..	9	»
D°	1/4 au 40e... d° .. d° .. d°	d° ..	10	»
D°	1/6 au d°... d° .. d° .. d°............	d° ..	8	»
Demi-plaques au 30e d'argent qualité supérieure		d° ..	25	»
Plaques entières	d°... d° .. d° .. d°	d° ..	48	»
Passe-partout biseaux 1/4 très bonne qualité........		d° ..	8	»
D°	d° 1/6 d° d°..........	d° ..	6	»

	fr.	c.
Polissoir recouvert en peau très bonne qualité	6	»
Boîte à Bromure de chaux bien rodée avec cuvette, très bonne qualité	15	»
D° à iode bien rodée avec cuvette, très bonne qualité.	15	»
Beaux Cadres pr 1/4 avec cercles dorés, bien conditionnés, la douz.	30	»
D° pr 1/6 avec cercles d° d° d°	24	»
Ecrins ordinaires bien conditionnés d°	15	»
Boîtes de couleurs assorties avec pinceaux, un godet d'or et d'argent.	15	»
Iode, première qualité, 31 grammes suivant le cours.		
Sel d'or qualité supérieure, le gramme	4	50
Planches mécaniques à biseauter les plaques, 1re qualité	10	»
Planchettes à polir avec vis aux quatre coins	3	50
Coton surfin, tripoli, hyposulphite de soude rouge d'Angleterre, tous les produits chimiques en général.		
Broches pour femmes, bien dorées, 1re qualité la douz.	24	»
Passepartouts de toutes couleurs d°.	6	»
D° d° d°.	8	»
D° peintures ordinaires d°.	5	»
D° d° d° 1/6 d°.	4	»
Cadres en bois noir très beaux d°.	20	»
D° d° jaune d° d° d°.	14	»
Bromure de chaux, flacon de 62 grammes, 1re qualité d°.	10	»

Nota. A Paris, presque tous les bons artistes se servent de passepartouts-biseaux, attendu qu'ils font paraître les portraits beaucoup plus beaux. — Pour tous les articles dont on peut avoir besoin, on les expédiera toujours de qualité supérieure, à des prix modérés.

Pour préparer la boîte à Iode ou Bromure de chaux, il suffit de lever ou de mettre le châssis de 1/4 suivant que l'on veut préparer la plaque de 1/4 ou de demi 1/4. L'opération du mercure doit être faite dans un endroit très obscur.

www.ingramcontent.com/pod-product-compliance
Ingram Content Group UK Ltd.
Pitfield, Milton Keynes, MK11 3LW, UK
UKHW021621260726
13965UKWH00007B/1396

9 782013 430425